影

窑火凝珍

刘耿　董晓晔　主编

影／镜头里的干窑

袁培德　著

社会科学文献出版社
SOCIAL SCIENCES ACADEMIC PRESS (CHINA)

序一
让历史“活”起来的干窑

嘉善县干窑镇历史上以窑业闻名于世。干窑烧制的砖、瓦、器始于唐宋，胜于明清，方志称其为千窑之镇。物以民用为主，不若专制贡物的官窑盛名。但正是这种拥有更广泛用户群的商业模式，使干窑获得更持久的生命力。尽管时代在变换，但民间还是那个民间。拥有300余年历史的古窑今日仍然在维系它的工艺、生产，为江南的青山秀水间平添了灯火阑珊。

我们通常所见遗迹，是失去了活态生命力的标本，在现代修缮技术的加持下，它静静地诉说着当年栩栩如生、活灵活现的历史故事，在某种意义上，它已切断与历史的活态生命联系。干窑的可贵之处就在于它仍然是具有生命力的古建筑材料生产的活态遗产。这里既是历史遗迹，也是历史现场，更是为中国传统建筑传承、发展承担生产传统材料的非物质文化遗产大作坊。窑工们说着祖祖辈辈的方言，延续着祖传的技艺，码放着与历史一色的砖瓦，于一砖一瓦中传承一丝不苟、精益求精的工匠精神，一切宛若昨日。

干窑为什么还在生产呢？原因有二：一是，窑包若停止生产则易因保护不到位而发生塌陷，不间断地生产是保住窑包的最好方式。这像不像是古人智慧的程序设定？以此保证后人技不离手，代代相传。二是，现在各地的古建修缮保护需要这种传统砖瓦构件，这是我们保护传统建筑工艺材料真实性的必备条件。通过改变传统工艺生产甚至 3D 打印或许也能做个样子出来，但总是缺少历史的韵味，改变了古建筑材料的历史信息真实性。供应链安全是当前经济领域的一个热门话题，其实，千窑这样的供应链在古建筑保护领域更稀缺，尤其是在全国保护传统古建筑、留住乡愁的时代背景下。

所以，千窑是能够使历史“活”起来的一个重要节点。经由千窑，我们不仅可以看见历史，更能到达历史。

我们很欣喜地看到，今日千窑镇围绕着“活”字做了很多文章，使千窑的历史不仅“活”下来，而且“活”得更出彩。编撰出版这套千窑窑文化系列丛书就是重要的手段之一。该丛书共分 7 册，可以说从眼、耳、鼻、舌、身、意“六识”全方位展示了一个立体的千窑，将千窑的“活”字从各路灌输到人的心田。千窑是什么样，读了就知道了。即使没去过千窑的，也愿意跑一趟看看。

千窑镇的做法至少给我们四点启示。

其一，想办法建立起遗迹的古今连接，使遗迹“活”起来，这是遗迹保护的好方法。我们往往对“保护”有一种误区，认为尽量少动少碰甚至隔绝就是“保护”。殊不知我们保护的不仅仅是遗迹的物质本体，更要保护其蕴含的文脉，文脉得在活体之中传承。有效利用是文物保护重要传承方针的体现。

其二，许多地方宁愿依附或硬套与自己相去甚远的“大”历史，即历史名人、家喻户晓的历史事件而忽略“小”历史，一味求大是当今的一股风气。挖掘身边细小但真实的历史更有价值，通过发现、挖掘、推广使不知名的历史变知名，甚至成为一门“显学”，这像原发科技一样重要。

其三，保护手段要创新，要多样化。干窑的动态和静态保护展示要合理安排，既要注重“硬件”，也要注重研究、出版、传播等“软件”，正如窑包不烧加上保护不到位就会倒塌一样，硬件系统也需要“气”的支撑，“气”指的是看不见的软件。

其四，干窑的生产要处理好与环境保护的关系，要有新思路、新方法、新技术，在不改变传统工艺和基本形制的前提下，让干窑镇成为传承生产古建筑材料的非遗亮点。

干窑镇的窑文化遗迹保护与开发，为我们树立了一个非著名遗迹保护与开发的范式，它从遗迹本身特点出发，抓住“活”字这个关键的着力点，运用多样化的保护、开发、传播手段，产生了非常好的社会效益和经济效益。

付清远

中国文化遗产研究院原总工程师

中国文物保护基金会罗哲文基金管理委员会主任

序二
历史“长尾”上的干窑

（一）

历史遗迹的发掘和运营，是一门注意力经济。人们更关注著名人物、著名事件的遗存，如果遗存本身自带精品属性或恢宏叙事的气质，就更好了。人们只关注重要的人或重要的事，如果用正态分布曲线来描绘，人们只能关注曲线的“头部”，而忽略了处于曲线“尾部”、需要花费更多的精力和成本才能注意到的大多数人或事。浙江省嘉善县干窑镇的窑文化遗迹就处于这样的曲线“长尾”，具有以下特点。

一是“小”。干窑镇位于长江三角洲环太湖区域，这一区域土质细腻、黏合力强，适宜砖瓦烧制。从史前文化的烧结砖、秦砖汉瓦、明清时期专业的窑业市镇，到近代开埠后在大上海建设中的大放异彩，干窑砖瓦窑业正是环太湖区域窑业历史文化的典型代表。在长三角的窑业史上，干窑镇与陆慕镇、天凝镇等共同组成了一串璀璨的珍珠链。

二是"低"。对瓦当的研究与收藏，早在金石学较为发达的北宋时代就开始了，此后的南宋及元明都有记载，清代乾嘉学派将瓦当的研究推向高峰。当时，文人士大夫间收藏与研究瓦当甚为流行，从清末到民国，在一代又一代的瓦当研究与爱好者的努力下，瓦当走进了寻常百姓家，成为大众喜爱的装饰品和收藏品。但与精品文物相比，傻、大、粗、黑的建筑构件的收藏价值一直较低。"低"也意味着升值空间大，关键是挖掘出窑文化的价值并加以发扬光大。

三是"活"。有着300多年历史的沈家"和合窑"，是一座承载着旧时代烧窑技艺辉煌的"活遗迹"，为中国各地的文物修复、仿古遗迹等烧制砖瓦。生活在当下的掌握着古老技艺的窑工们，也有一种富有生命力的历史感。也要感谢计算机记录和存储功能这么强大的今天，每一个人都可以在历史上留下一笔。以往历史只讲述"人类群星闪耀时"，只有极个别的人物或极幸运的人物能够被载入史册。这批窑工的前辈们，偶尔也会将自己的姓名刻制在某块砖上，这是产品责任制的一种表现，但也只是留下一个名字而已，再无其他史籍参照与其产生更多的关联。为此，我们希望能细描这一段历史的"长尾"。

（二）

干窑窑业历史悠久，辖内发现唐代瓦当后，干窑窑业被初步判定起始于唐代。又据在干窑长生村宋代大圣寺遗址出土的"景定元年"铭文砖，最迟于宋代干窑就已开始烧制砖。

明代苏州秦氏迁入干家窑，并将京砖烧制技艺传入江泾，吕氏、陆氏开始生产“明富京砖”。从干窑出土的明代嘉善城砖以及清顺治年间干家窑产砖运往杭州建造满城（在杭州）可见，明末清初干窑烧砖技艺已趋成熟。清代中期，干窑已成为嘉善县的窑业中心，被称为“千窑之镇”，县志记载:“宋前造窑，南出张汇，北出千窑”。位于干窑镇的古砖瓦窑沈家窑，以烧制“敲之有声，断之无孔”的京砖闻名。传说乾隆皇帝下江南时，误将“千窑”念“干窑”，“干窑”由此得名。至今仍在烧窑的沈家窑、和合窑已成为省级文物保护单位。

干窑也是江南窑文化的发源地和传承地。干窑的砖窑文化不仅包括窑业特有的生产技艺，如砖窑建筑技艺、瓦当生产技艺、京砖生产技艺等，还包括瓦当砖雕文化、窑乡民间故事传说、窑工生活习俗等。干窑的“窑文化”是文化百花园中的一朵奇葩，形成了江南水乡独具特色的砖瓦窑业文化。干窑文化不止于窑墩林立、砖瓦世界，而是多姿多彩、鲜活生动，每年农历正月有“马灯舞”表演，走亲访友常提杭、嘉、湖地区特有的工艺食品“人物云片糕”，还有与景德镇瓷器、北京景泰蓝并列为“中华三宝”的干窑脱胎漆器，以天然大漆和夏布为材料，经裹布、上漆、上灰、打磨、髹饰、推光等数百道工序纯手工制作，一件小型成品就得历经一年半载。

窑文化实质上是干窑镇、嘉善县乃至嘉兴市最有特色的民间文化之一，既是十分珍贵的物质文化遗产，又是特色鲜明的非物质文化遗产，干窑镇党委、政府正在进一步挖掘窑文化，做好窑文化文章，为长三角一体化提供深厚的历史底蕴和宝贵的文化财富，着力建设窑文化展陈馆、窑文化非遗体验点、修复废弃窑墩遗址，打造“窑文化”旅游品牌，推动窑文化的保护与传承。

编撰以窑文化为主题的书籍也是挖掘和保护窑文化的重要手段。干窑窑文化系列《窑火凝珍》正是在这样的大背景下，以“窑文化”学术研究、传承传播为主旨，邀请老窑工、民间爱好瓦当收集名家、高校学者和文化部门的有关专家学者等，回忆、讲述、挖掘、整理有关窑文化的历史、故事，并通过文字、摄影、摄像记录下有关京砖、瓦当的传统生产技艺，以图文并茂的方式全方位展示窑文化。

（三）

干窑窑文化系列共分七册，各册简介如下。

册一·影:《镜头里的干窑》是关于干窑窑文化的影像志。本书选取由著名摄影师拍摄的干窑照片（历史照片 + 定制拍摄），勾勒干窑影像自身嬗变和行进的历史，也试图从感性的角度回溯干窑人与窑文化之间的深刻情缘。影像记录对象包括窑墩建筑、小镇景点 / 古迹、窑工、镇民生活、非遗展示、生产现场、活动场景等。

册二·史:《嘉善砖瓦窑业历史文化的传承》是关于干窑窑业与窑文化的简史。按照年代时序，内容上强调每个时间段干窑砖瓦对外影响和时代地位。时间断限由上古至今日。

册三·工:《干窑砖瓦烧制技艺》主要反映古代、近现代干窑砖瓦烧制的过程，以列入浙江省非物质文化遗产名录的“嘉善京砖”生产技艺及列入市级非物质文化遗产代表名录的“干窑瓦当”生产技艺为重点。干窑窑业制品品种丰富，以砖瓦烧制驰名。对民国后机制平瓦诞生及生产技艺等进行介绍。

册四・物:《干窑窑业精品鉴赏》注重对窑业制品的重要社会功能及其艺术价值进行挖掘，尤其对古代干窑生产的铭文砖文化、瓦当文化进行解读，凸显干窑窑业精品独特的艺术地位。干窑窑业实物分为窑业精品及窑业相关文物两部分。窑业精品反映了古代干窑工匠精神，以工艺精湛、寓意吉祥为主，根据用途，可分为建筑材料和生活用品两大类。干窑窑业相关文物包含在干窑窑业发展过程中保存下来的实物，见证了干窑窑业的兴衰史，通过对相关文物的赏析，以物证史，传承历史，照亮未来。

册五・俗:《瓦当下的俗日子》是干窑窑文化的民俗辑录。窑文化中“俗”的部分，分为砖窑、砖瓦及窑工习俗三个部分。其中窑工习俗围绕衣、食、游、艺及拜师、婚丧、信仰、祭祀等展开。抓住习俗中最具吸引力的部分，在讲述人物或故事的同时，融合民俗资料，古今结合，探寻习俗传承与演化。窑乡的民俗充满了“实用”与“智慧”，那些“规矩很大”的事情，令青年一代感到新鲜的同时心中敬畏油然而生。希望能够用轻松、诙谐又饱含敬意的态度去展现瓦当下的俗日子。

册六・声:《时光碎语：流淌于干窑之间的传说与故事》是关于干窑民间故事传说的民间文学集，可称为窑乡“风雅颂”。窑工是民间传说和故事的天然创作主体、再次创作主体和听众，窑场也为其提供了传播情境。本册辑录了千窑的传统民间故事及新时代创作的作品。

册七・人间:《千窑掬匠心：窑工实录》是关于千窑生活的“纪录片”。现代窑工生活实录、老人对窑乡的记忆、乡土变迁故事等。通过挖掘记录民间的文化记忆，探讨现代乡村（窑乡）的精神底座与物质文明的冲突与互适。希望通过对窑乡相关人物的访谈，寻访到可以留存和传承的文化记忆，记录现代乡村的“人世间”，包括寻访烟火人生・人情故事、寻访火热生活・创业故事、寻访文化遗迹・手艺传承、寻访乡土变迁・乡贤归巢等等。

这七册基本上反映了千窑窑文化从物质到精神的方方面面。

自序
金砖传奇背后的窑工

都说是“秦砖汉瓦”。如此说来，中国建窑烧砖的历史至少可以追溯到秦代。2003 年 1 月，在安徽肥西县孙集乡山口村发现一处古代砖窑。经文物专家鉴定，是东汉时期的遗存，距今大约 1800 多年的历史，证明了作为建筑材料的砖在中国有着悠久的历史。

浙江省嘉兴市嘉善乡镇有一个叫干窑的千年古镇，据史料记载，干窑在唐代时就开始生产砖瓦，宋建都临安所用砖瓦均出自嘉善干窑。《嘉善县地名志》记载：“明代，境内江泾村生产的‘明富’、‘定超’字号京砖已颇具盛名。”明万历《嘉善县志》载：“砖瓦，出张泾汇者曰东窑，出干家窑者曰北窑。”两地所产砖瓦除供邻近地区外，主要供京、苏、杭官府所用。干窑在“清咸丰十年（1860）后，窑业迅速发展。民国时期，窑业鼎盛”。史称“千窑之镇”的干窑是江南窑文化的发源地和传承地。

嘉善砖瓦烧制业自明清以来就已经十分发达，其窑域之广，窑墩之多，窑货之丰，从业人员之众，为江南罕见。1890年（光绪十六年）3月3日在上海出版的《申报》有这样的描述:“浙江嘉善县境砖瓦等窑有一千余处，每当三四月旺销之际，自浙境入松江府属之黄浦，或往浦东，或往上海，每日总有五六十船，其借此以谋生者，不下十多万人。”

岁月更替，时间到了21世纪，因历史的原因和年已失修的现状，土窑墩一座接着一座地倒塌。这时人们才发现史称“千窑之镇”的干窑，保留下来的土窑墩仅仅只剩下了两座，干窑镇治本村的沈家窑就是一座有着300多年历史的“双子窑墩”。

近年来，全国各地对古建筑整修和保护如浪潮般掀起，同时大量仿古建筑被陆续建造。这种纯手工古法烧制的京砖、瓦当等成了紧俏货。于是，这座沉寂半个多世纪的沈家窑又复活了。

我关注“窑工”已经有近二十年了，前几年一直在看和思考，看别人是如何去解读，思考如何用镜头去记录这群窑工。直到十五年前我来到嘉兴日报工作，才有幸走进他们的生活。这些年来，我无数次往返于嘉兴和干窑之间，虽然两地距离并不远，但是，对于没有驾驶证的我来说，每次需要换乘三次车才能达到干窑，不管是刮风还是下雨，只要窑上有“窑工”上工干活，我都要赶去拍摄记录。至今，我通过手中的相机记录的数码文件已经超过1000多个GB了。

关于“窑工”的拍摄从一开始就有一个构思，那就是以报道性的形式去讲述“窑工”的故事。选择用广角镜头去解读“窑工”和窑两者关系中这一特定的典型人物和典型环境，比如，冬天“窑工”围在一起在土窑中用午餐的场景，夏天阳光从土窑的穹顶倾泻而下，映照在“窑工”身上劳作的瞬间等等。选择中景照片来描述“窑工”这个群体，讲述他们的故事，比如，“窑工”身背出窑的“京砖”艰难前行的场面，或者“窑工”在工作休息的间隙嬉笑怒骂的瞬间等等。选择用特写照片来突现“窑工”在艰苦环境中的坚毅和乐观等，比如，满脸流淌着汗水在喝水的一张脸，或者是沾着窑灰满是皱纹的一双手等等。

之所以选择这群最基层、最平凡的“窑工”作为拍摄对象，一个重要的动机就是，我相信“窑工”的照片是有文献价值的，也许不是现在，或许就在明天。在拍摄“窑工”的过程中，我仿佛看到了一个个“窑工”的形象如同京砖传奇背后一座座耸立的丰碑，我对文化和生存有了更多的思考和了解，文化和生存仍是我今后最主要的拍摄方向。

这座有着300多年历史的沈家窑作为浙江省文物保护单位，也是浙江省级非物质文化遗产，如何保护和传承这一文化，是前人给我们留下的一道文化思考题。

手工制造京砖技艺的多道工序现如今已改用机械作业，现代机械代替了传统手工。特别是2020年以来受到新型冠状病毒肺炎疫情的影响，沈家窑不得不停工。沈家窑的京砖生产技艺是否将成为绝唱，这一代被称为“最后的窑工”将如何继续？我将持续关注“窑工”，关注他们的未来。

2022 年 6 月 18 日修改于嘉兴城南

图 1　这座有着300 多年的“双子窑墩”，是沈家人一代一代薪火相传的宝贵遗产。

图2　出窑时，窑工们需要全班人马一起，上下里外配合，一天之内必须完成作业。

图3　窑工干活的环境极其简陋，夏天窑内温度高达50多度。

图 4　昏暗的窑洞里，窑工们按照代代相传的工艺码放京砖砖坯，准备烧制。干窑制砖的历史可以追溯至唐朝。到了明代，这里出产的京砖有“一两黄金一块砖”的说法。

浙江省文物保护单位
窑墩
浙江省人民政府二〇〇五年三月
六日公布
嘉善县人民政府二〇〇五
月立

图 5　2005 年 3 月，沈家窑被评定为浙江省文物保护单位，成为干窑“窑文化”的重要标识。

图6　这座有着200多年历史的“双子窑墩”，如今依然发挥着它的作用。

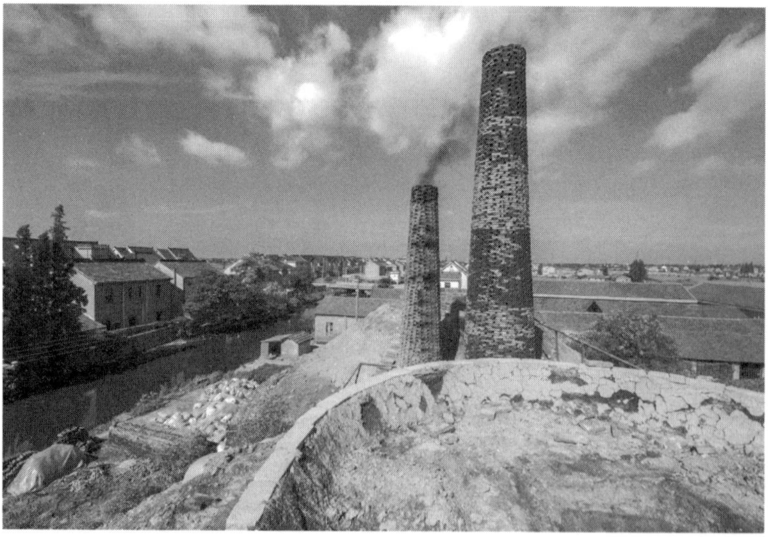

图7　古老的窑墩，作为干窑传统窑业生产技术发展的一个缩影，被誉为“活遗址”。

图 8　古老的窑墩。

图 9　坐落在嘉善县干窑镇治本村的沈家窑，是一座有着 300 多年历史的“双子窑墩”。

图 10　一批特大定制“京砖”开始制作中。

图 11　做砖坯的黏土经机器轧过，还要人工脚踩多次后才能使用。

图 12　京砖制作技艺是一项非常复杂的工程。

图 13　京砖制作仅取土一项就要经过掘、运、晒、椎、浆、磨、筛等七道工序。

图14　京砖制作。

图15　一块砖从取土到完工，通常需要8个月的时间。

图 16　一块特大定制“京砖”砖坯制作完成。

图 17　“京砖”的砖坯制作技艺非常讲究。

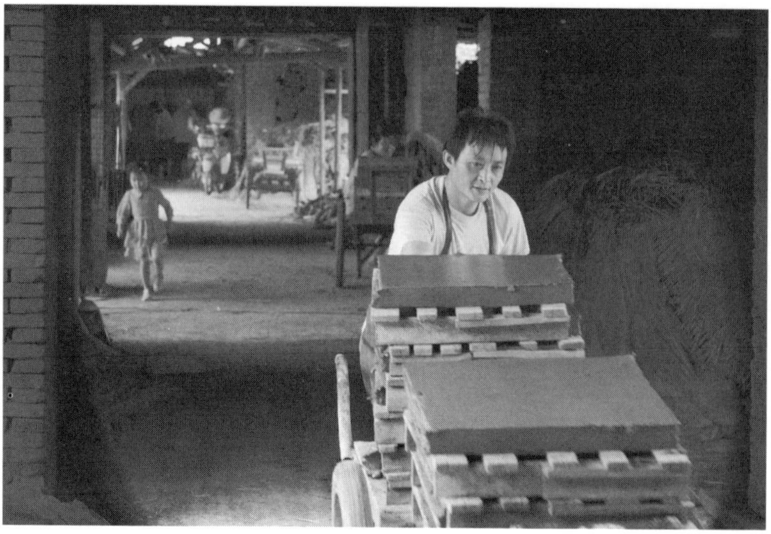

图 18　把做好的砖坯摆放至阴凉通风的地方。

图 19　放置在阴凉通风的地方的砖坯。

图 20　砖坯。

图 21　一批制作好的“京砖”砖坯被运到沈家窑烧制。

图 22　在沈家窑传人沈刚的带领下，长、宽为 138 公分，厚 15 公分，仅是泥坯的重量就接近 800 公斤的“京砖”终于被制作出来，正在进行装窑烧制。

图 23　特大“京砖”装窑进行中。

图 24　为了保证烧制成功，这批特大“京砖”一共只做了三块。

图 25　三块特大“京砖”用吊装进窑。

图 26　特大“京砖”装窑进行中。

图 27　三块特大“京砖”用吊装进窑。

图 28　装卸窑时女工在窑外做搬运等辅助工作。

图 29　女工正在做搬运等辅助工作。

图 30　干窑镇沈家古窑如今是省级文保单位，其窑主为京砖烧制技艺代表性传承人。

图 31　最高一层京砖坯的叠放必须由装窑大师傅亲自作业。

图 32　装窑的技术十分讲究，关系到烧制完成后京砖的质量。

图 33　装窑中。

图 34　嘉善县干窑镇干窑村的沈家窑，是一座有着 300 多年历史的“双子窑墩”，以烧制“敲之有声，断之无孔”的京砖闻名。

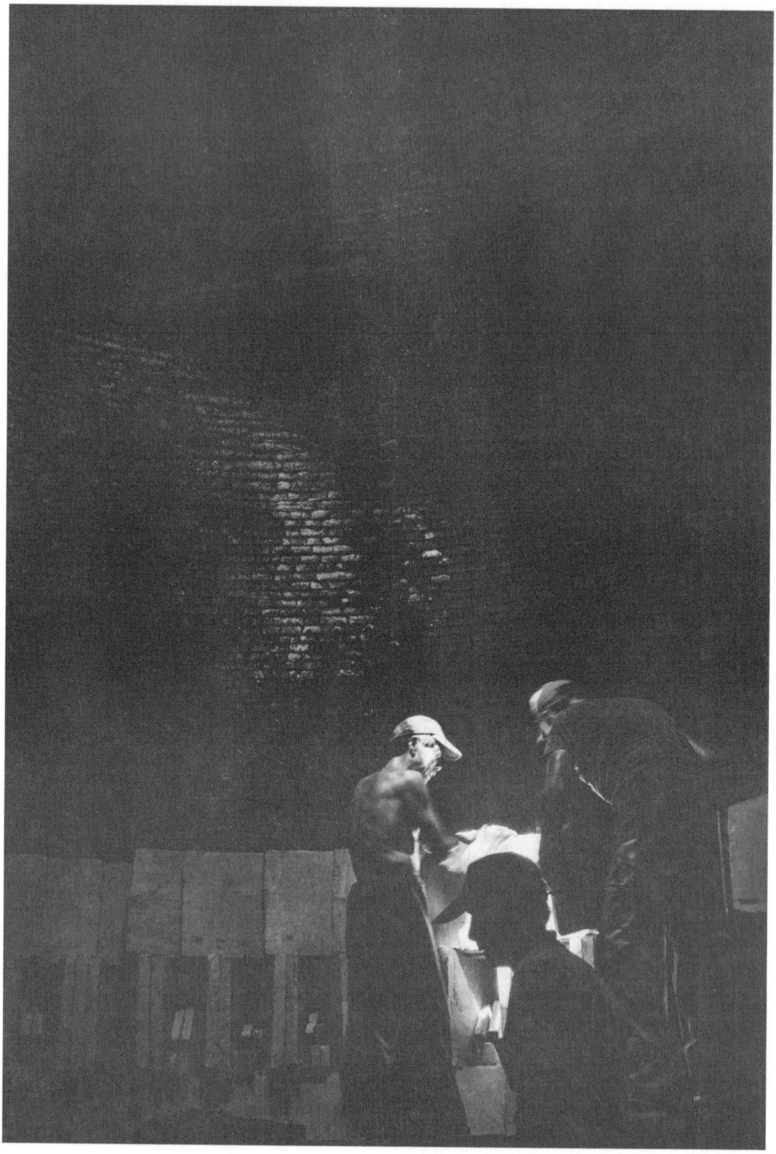

图 35　装窑中。

图 36　夏天高温下的窑洞里，窑工们赤膊上阵挥汗如雨。

图 37　一窑需要 30 个窑工，其中装窑师傅 4 人，装卸中工 15 人，外场工 11 人，窑内两班子轮流作业。

图 38　窑中劳作的窑工。

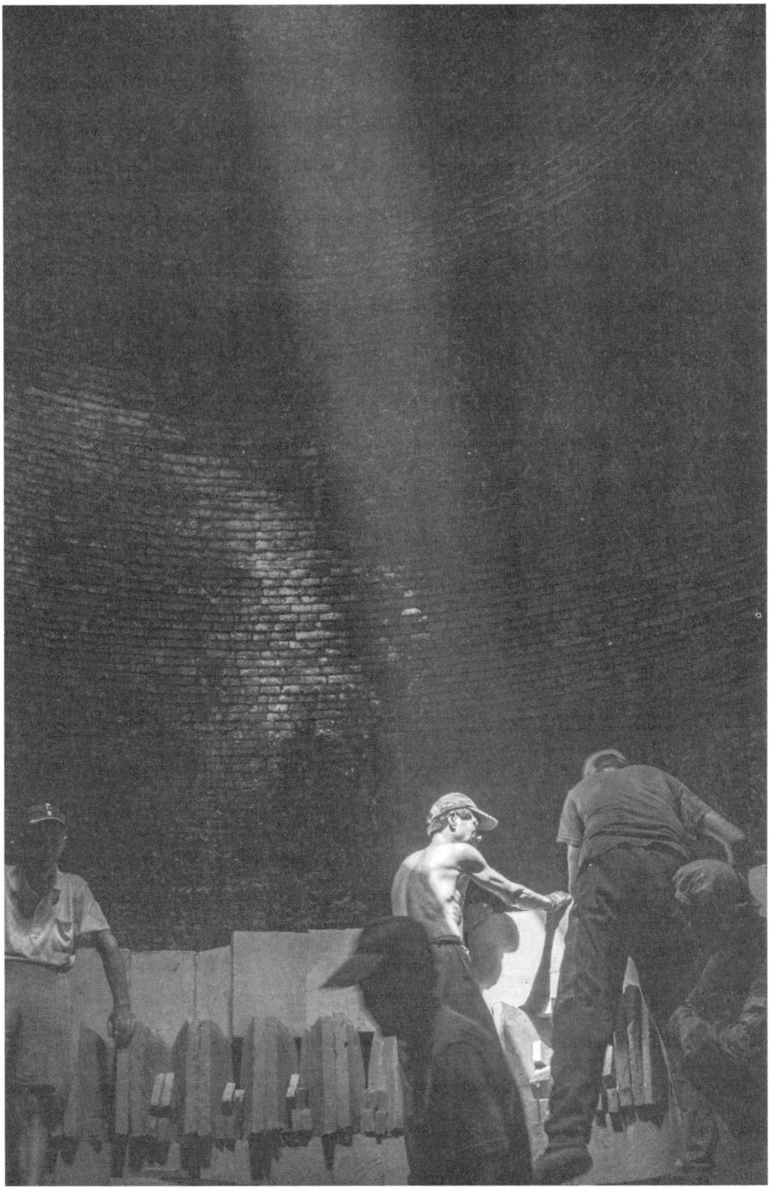

图 39　装窑时，窑工需全班人马，上下里外配合，一日内搬完。

图 40　每一窑可装砖坯 7000~8000 块，一天内装窑完成，当天点火。

图 41　女工们都在窑外做搬运工作，在当地至今依然保留着女工不能进入窑内的风俗习惯。

图 42　如今的沈家窑不仅是嘉善县仅有的京砖烧制产业基地，还是浙江省非物质文化遗产生产性保护基地。

图 43　高温的窑洞里，窑工赤膊劳作。他不时抬头看着窑洞顶部的通风口，那是凉风进入的唯一通道。

图 44　高温的窑洞里劳作的窑工。

图 45　窑洞中的窑工。

图 46　天刚蒙蒙亮，窑工们就已经开始了一天的劳作。

图 47　有着 300 多年历史的沈家窑正举行隆重的“敬窑神、祭六眼”仪式。

图 48　祭窑神的日子，身着汉服的一群男子在古窑口等待仪式开始。

图 49　祭窑仪式上的窑神像。

图 50　窑神像。

图 51　沈家窑第六代传人沈刚亲手点燃了敬窑神的火种。

图52　有着30多年烧窑经验的烧窑师傅来掌控非常关键的火候的强弱。

图53　薪薪窑火，代代相传。

图 54　烧窑师傅顾根荣（右），1949 年 11 月生，干窑镇黎明村人，40 岁开始做窑工，2012 年离岗。

图 55　封窑后再经窑顶水池渗水，这样才能变成青黑色的“京砖”。

图56　闭窑后，覆盖薄膜开始窨水环节。一窑京砖须窨水二千担，在过去一个人需挑上五昼夜水，现在用上了电动马达，很快就把窑顶天池的水放满。用3~5毫米的钢钉打多个小孔，让水慢慢滴入窑内，使窑货在高温中水火相济，底面均匀，充分胶化增强黏合力，加水使得京砖呈青灰，俗称“青砖”。

图57　早些年，窑工全靠肩挑背扛担水登上窑顶。

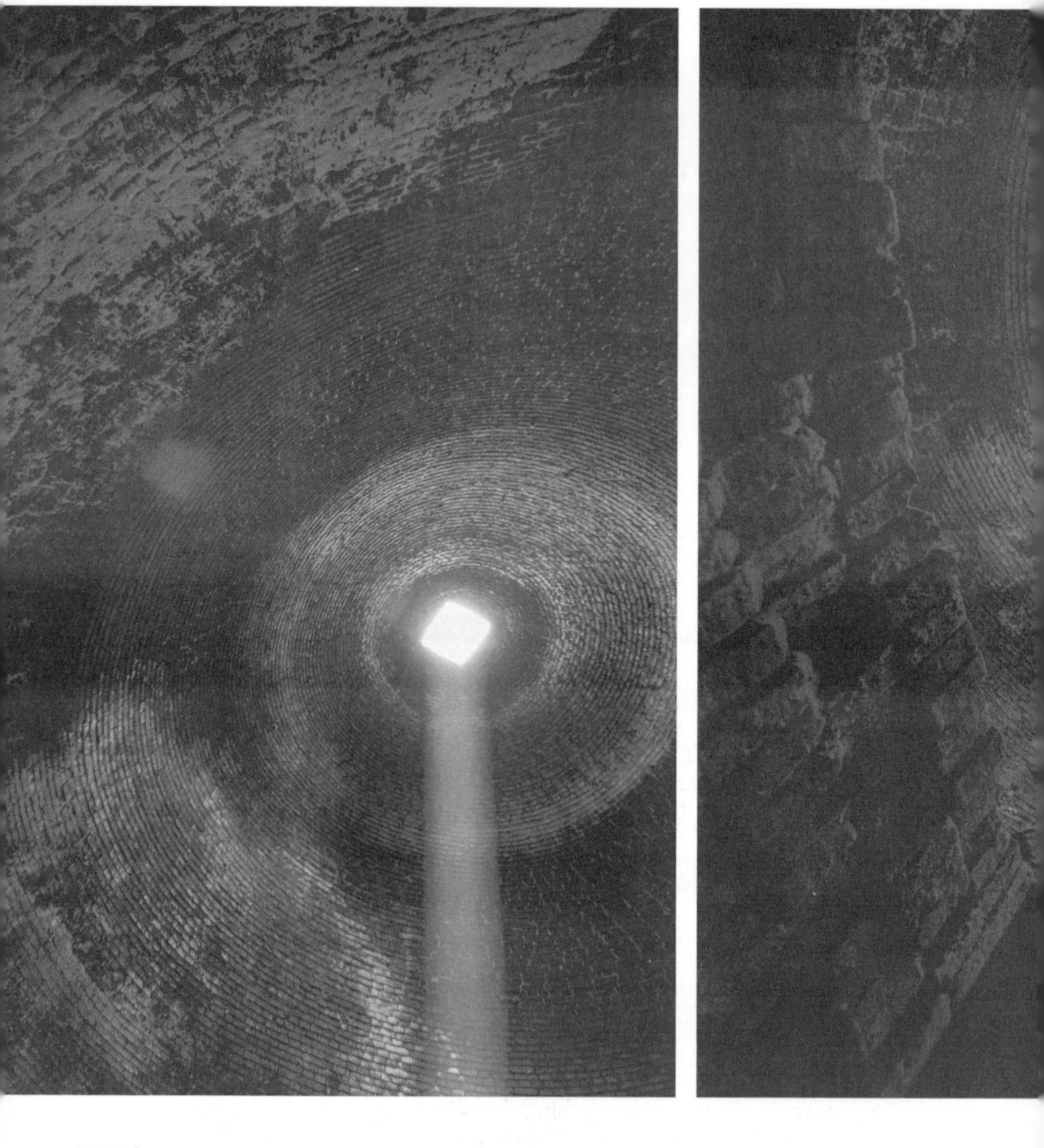

图 58　窑洞。

图 59　沈家窑的“京砖”生产技艺是否将成为绝唱?

图 60　窑洞内忙碌的窑工。

图 61　窑洞内的劳作。

图 62　沈家窑以出产铺地面用的“京砖”而闻名全国。

图 63　嘉善，沪杭线上一个不起眼的小站。县里有一个叫干窑的千年古镇。这里以出产皇家专用的金砖而闻名。

图 64　文化传统在窑工们的手中传递。

图 65　窑工们手中烫手的京砖越传越快。

图 66　装卸窑中工马新兴，1945 年出生，干窑镇黎明村人，2011 年离岗。

图67　装卸窑中。

图 68　在古代，一般皇宫的地面铺满金砖。它质地密实，走在上面不滑不涩，而且还叮叮有声、脆若金石，这就是传说中的“金砖”。

图 69　装卸窑中。

图 70　窑里干活即使是在冬天里也会汗流浃背。

图 71　20 世纪，因历史的原因和年已失修的现状，土窑墩一座接着一座地倒塌。这时人们才发现史称“千窑之镇”的干窑，保留下来的土窑墩仅仅只剩下了 2 座，干窑镇治本村的沈家窑就是一座有着 300 多年历史的“双子窑墩”。

图 72　装卸窑中。

图 73　装卸窑师傅潘惠明，1952 年出生，干窑镇范泾村人，2011 年底歇业，因装卸师傅紧缺，于 2014 年再次上岗做窑工至今。

图 74 昏暗的土窑内，点一支烟小憩一会儿也很惬意。

图 75　昏暗的窑洞里射进一束光，窑工们按照代代相传的工艺码放砖坯。

图 76 码放砖坯中。

图 77　粉尘弥漫在整个土窑内。

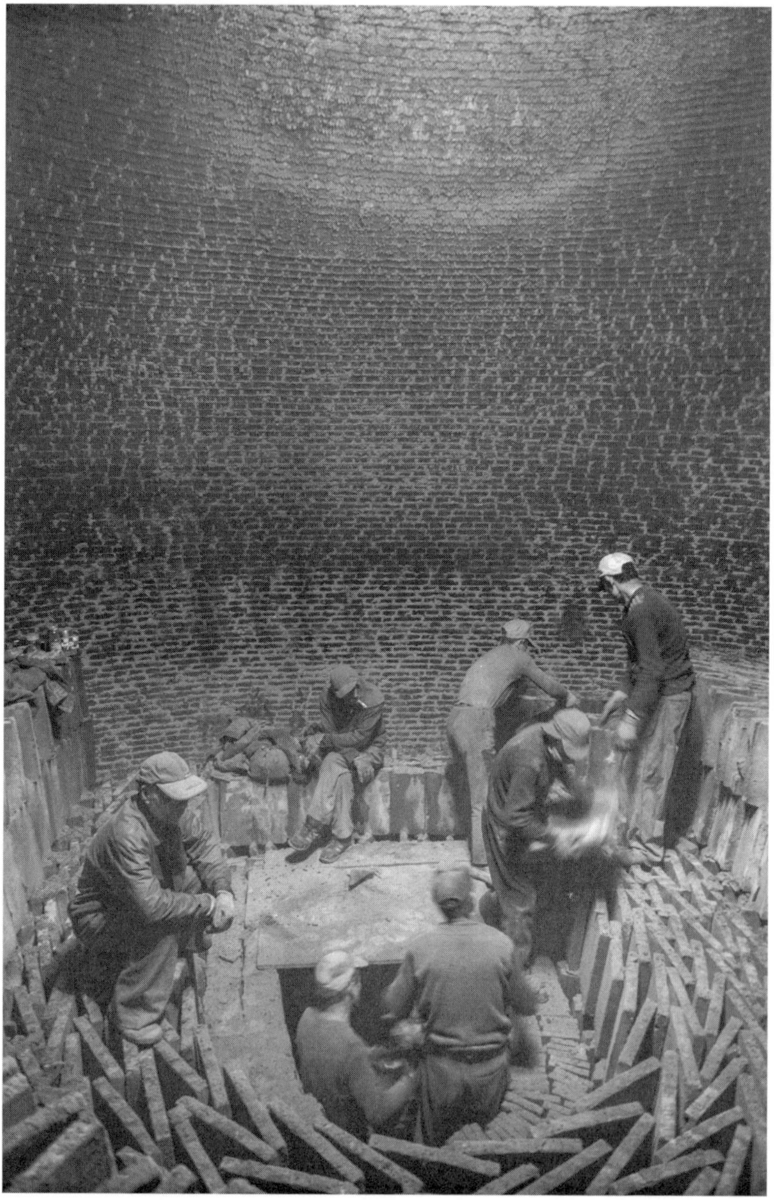

图 78　这座 300 多年的沈家窑，六代人薪火相传。

图 79　烧窑大师傅王金根，1947 年 7 月生，干窑镇治本村人，40 多年祖传烧窑师傅。

图 80　沈家窑烧制的京砖。

图 81　现在烧制的京砖，基本上用于古建的维修。也有一些藏家来沈家窑定制特大的京砖。

图 82 京砖出窑中。

图 83　沈家窑烧制的 100 多块长 100×100 厘米特大定制京砖出窑了。

图 84　特大定制京砖出窑中。

图 85　卸窑工们用人抬肩扛的方式把特大定制的京砖运出窑墩。

图 86　沈家窑又一块特大京砖烧制成功并出窑。

图 87　现在烧制的京砖，基本上用于古建的维修。有时候沈家窑会接到特大京砖的订单。

图 88　京砖又大又重，搬运十分费力，用在特定的建筑内。

图 89　2011 年 3 月 23 日，4 块巨型京砖在浙江省嘉善县干窑镇沈家窑成功烧制出窑。

图 90　装卸窑中工钱荣荣，1946 年 5 月，干窑镇黎明村人，15 岁上窑厂工作，2010 年离岗。

图 91　装卸窑中。

图 92　装卸窑中。

图 93　当年窑工以女性居多，粉尘使她们不辨脸面，如今没有姑娘愿意做窑工。还在做窑工的全是奶奶和外婆年龄的人了。

图 94　粉尘扑面的女窑工们。

图 95　女窑工们搬运中。

图 96　女窑工们劳作中。

图 97　一缕阳光从窑口直射进来，窑工们一天的劳作时间已过大半。

图 98　难得从土窑里钻出来，休息只能点上一支烟的工夫。

图 99　太阳升起的时候，窑工们负重从窑口鱼贯而出。

图 100　忙碌的窑工身影。

图 101　窑工们劳作的身影。

图 102　窑工们工作场景。

图 103　天蒙蒙亮时，窑工们早就在窑场干活了。

图 104　窑工每天要搬运数吨重的京砖。

图 105　女窑工们干的同样是高强度体力活，每天工作下来腰都直不起。

图 106　每个窑工每天要搬运数吨重的京砖。

图 107　一块“京砖”最重可达 70 公斤，最轻也有 40 公斤。高强度和长时间的工作，让窑工们的身体不堪重负。

图 108　当年的窑姑娘如今已是外婆和奶奶的年龄了。

图 109　女窑工们。

图 110　女工都在窑场做搬运工作。

图 111　搬运京砖的窑工们。

图 112　整齐码放的京砖。

图 113　从事高强度体力活的女窑工们。

图 114　女窑工们忙碌的身影。

图 115　女窑工们搬运中。

图 116　劳作的身影。

图 117　清晨，窑工们沐浴冬日里的阳光下。

图 118　换班时难得的小憩。

图 119　窑场工作场景。

图 120　装卸窑大师傅俞金伟，“带班”，1949年11月出生，干窑镇范泾村人，21岁开始做窑工至今。

图 121 窑工疲惫地钻出窑外，因为出窑不能间断，窑工只能在换班时休息几分钟。

图 122 窑工干活的环境极其简陋，夏天温度高达 50 度左右。

图 123　换班时疲惫的窑工们。

图 124　传统砖窑工艺产生的粉尘非常严重，窑工每天以粉尘为伴，一名窑工身上堆积起厚厚的粉尘。

图 125　传统砖窑生产工艺落后，造成严重的粉尘。一名窑工身上堆积起厚厚的窑灰。

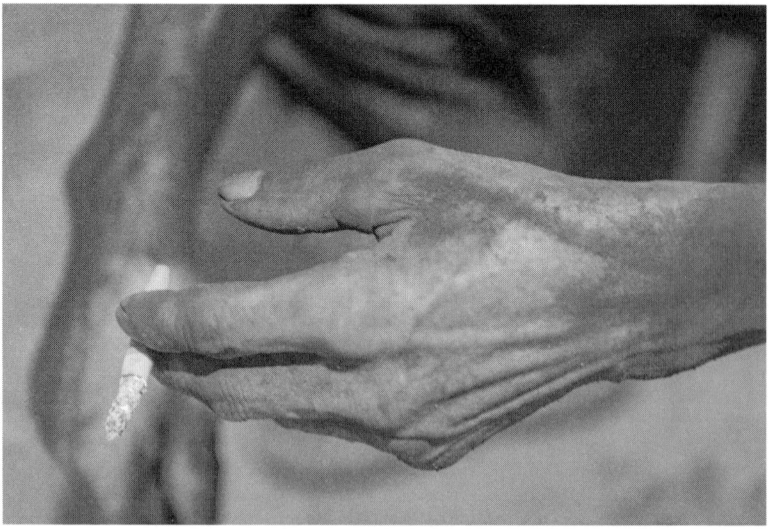

图 126　窑工粘满窑灰的手。

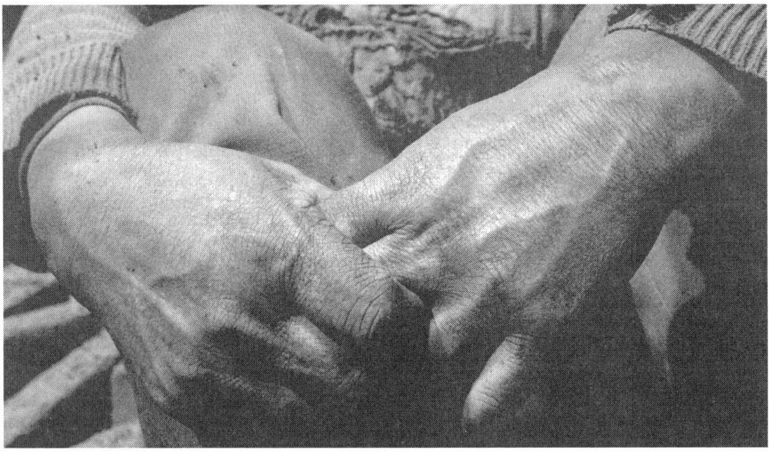

图 127　窑工布满汗水和粉尘的一双手。

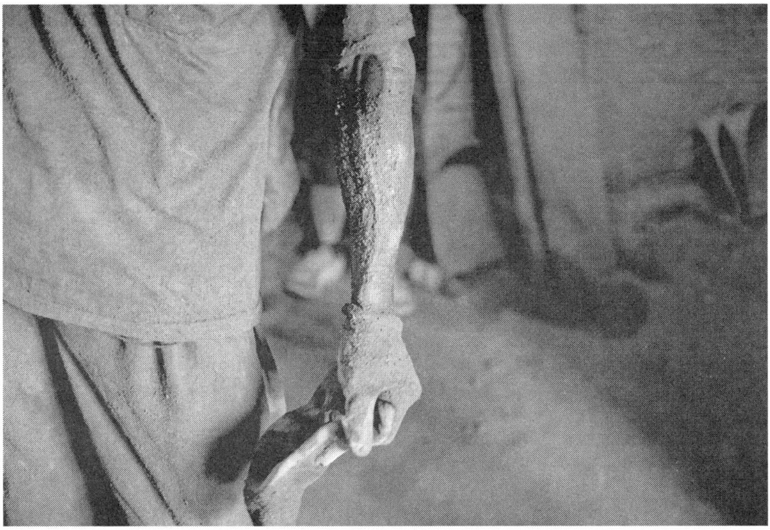

图 128　夏天从窑里出来，粉尘和汗水的作用下，窑工如同雕塑一般。

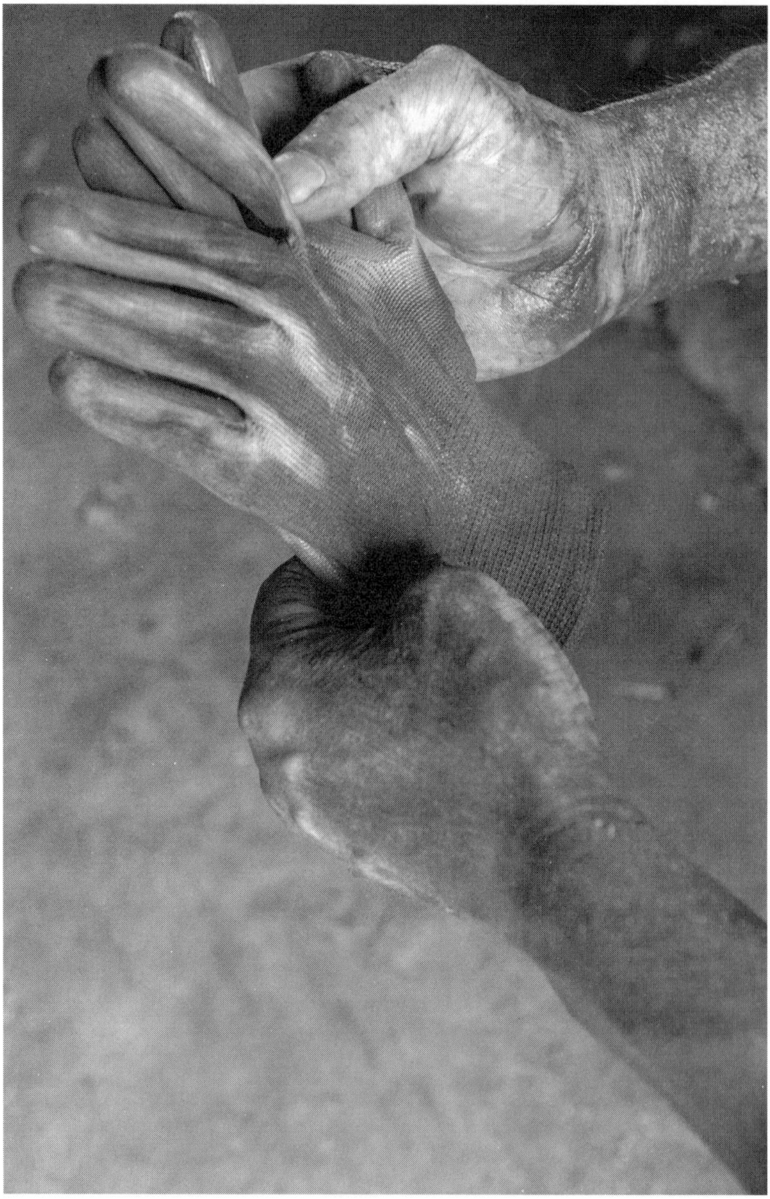

图 129 厚重的粉尘。

图 130　窑工布满岁月痕迹的手。

图 131　破旧的手套。

图 132　中午开饭了，午餐都是窑工们自己从家里带来的食物，在工地上热一热就算解决了。

图 133　数九寒天的日子里，窑工们在温暖的窑内享用午餐。

图 134　午餐中的窑工。

图 135　午餐时间，窑工们在极其简陋的环境下席地而坐享用午餐。

图 136　午餐时光。

图 137　窑场的午餐时间。

图 138　尽管工作环境很是艰苦，窑工们依然很乐观。

图 139　午餐时间的窑场。

图 140　干活忙起来连吃饭都没顾上，一名窑工趁换班时吃上几口点心。

图 141　2010 年，73 岁的郑蜜珍在沈家窑干活，几岁开始做窑工不详，至今依然在窑场工作。

图142　窑工顾根法背考窑壁享用午餐。

图143　装卸窑师傅王伯金，1948年12月出生，干窑镇黎明村人。

图 144　用餐中的窑工。

图 145　窑工们坐成一小堆享用午餐。

图 146　用餐场景。

图 147　窑工们在简陋的工棚内外席地而坐享用午餐。

图 148　窑工们用餐时的闲聊。

图 149　窑工们边吃边聊。

图 150　每天干完活后领班就会把工钱给窑工们一一结清。

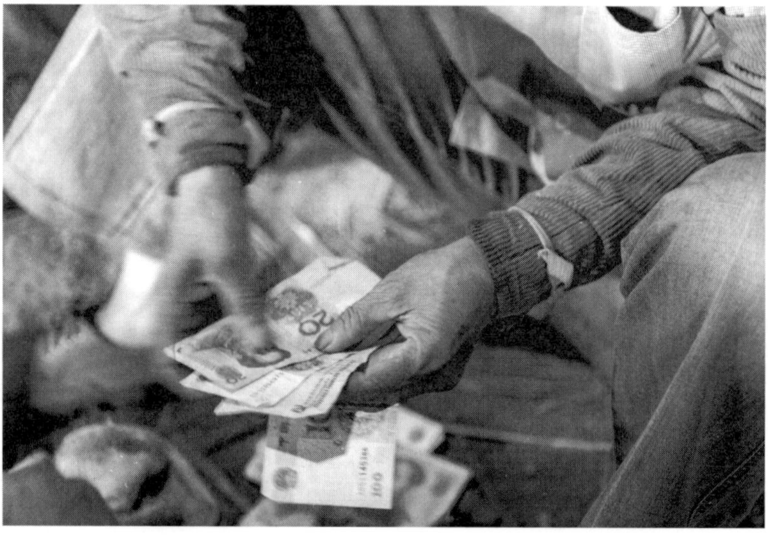

图 151　窑工清点收到的工钱。

图 152　工友们的交流。

图 153　工友们递一支烟沟通情感。

图 154　窑内的高温和粉尘令人无法喘气，砖窑的过道成为窑工呼吸新鲜空气的地方。

图 155　窑工干的是高强度的体力活。结束了一天的工作，一名窑工依靠窑墩休息。

图156　装卸窑中工张志根，1954年出生，干窑镇黎明村人，2012年离岗。

图157　夏天，窑洞里尤其炎热。满脸汗水、满身粉尘的窑工坐在电扇前休息。

图 158　窑 工 顾根法午间歇息。

图 159　窑 工 李金根午间歇息。

图 160　窑工顾水林午间歇息。

图 161　窑工正在午间歇息。

图 162　窑工潘惠明午间歇息。

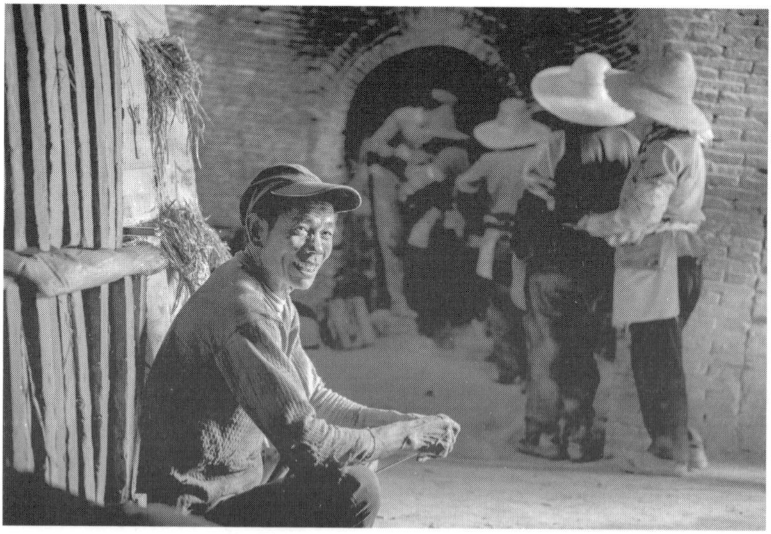

图 163　出窑的活不能间断，窑工们只有在换班期间可以休息几分钟。

图 164　工作间隙，许望元常常会通过讲荤段子来逗笑大家，尽管工作艰苦但是窑工们仍乐观面对生活。

图 165　冬日里窑工们在窑口温暖阳光下小歇。

图 166　天刚蒙蒙亮时，窑工们都已经在干活了。

图 167　窑工顾根法进窑前的一个回眸。

图 168　即使冬天窑里干活也会汗流浃背，因此，窑里干活的窑工收入要比窑外干活的高。

图 169　建造砖窑俗称“盘窑”。一个砖窑，不使用钢筋水泥，全是用泥或泥坯堆砌，靠的就是窑墩师傅手上的功夫。

图 170　修窑师傅们在烈日下劳作。

图 171　修窑师傅正在对沈家窑附属建筑进行整修。

图 172　沈家窑作为浙江省文物保护单位，每一次的维修都需要向有关文物保护单位报批。

图 173　江南连日的暴雨，让沈家窑受损严重，急待维修。

图 174　经过 20 多天的烧、闷（焖）、渗，终于可以出窑了。

图 175　2009 年 12 月 15 日，这座“双子窑墩”开始大修。

图176　沈家窑既是文物保护单位，又是非物质文化遗产，文物保护是不能动的，而非遗是要生产的，许多矛盾出现时令窑主人颇为无奈。

图177　孙新安师傅说，古窑修复中盘窑这项技艺面临失传，他希望自己这个团队可以坚持下去。对于这座“双子窑墩”的大修即将完美收官。

图 178　经过孙新安盘窑班子的“妙手回春”，这座有着 300 多年历史的沈家窑重获新生。

图 179　看着修旧如旧的“双子窑墩”，窑主笑了，孙新安师傅也笑了。

图 180　修缮后的“双子窑墩”又恢复了当年的风采。

图 181　烧制好的京砖还需要经过机器打磨才能销往全国。遗憾的是，让“京砖”变得像镜面一样光滑的打磨技术，如今已经失传。

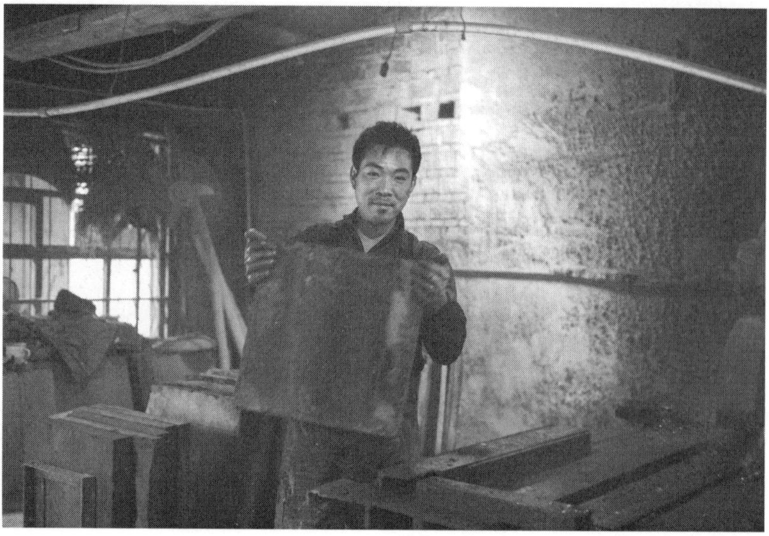

图 182　古代只有皇家才能使用“金砖”，民间有“一两黄金一块砖”的说法。不过现代工艺制造的“金砖”价格不再高昂，“一两黄金一块砖”已成为传说。

图 183　烧制好的京砖还需要经过机器打磨。

图 184　沈家窑烧制的瓦当。

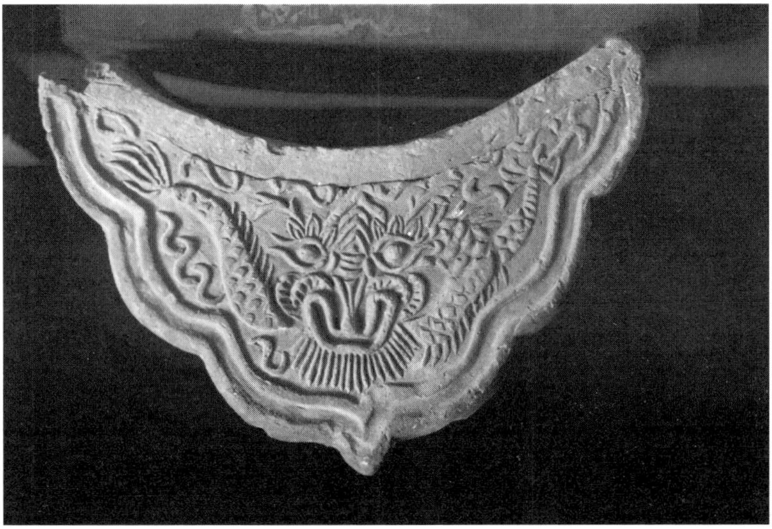

图 185　沈家窑所在地出土的瓦当，具体年代不详。

图 186　沈家窑烧制的瓦当。

图 187　沈家窑所在地出土的瓦当，具体年代不详。

图 188　沈家窑烧制的瓦当。

图 189　沈家窑烧制的建筑构件。

图 190　沈家窑烧制古代建筑修复用的构件。

图 191　沈家窑烧制古代建筑修复用的构件。

图 192　沈家窑所在地曾经出土的清道光 22 年松江府青浦县城砖。

图 193　沈家窑所在地出土的古代城砖。

图 194　沈家窑所在地出土的古代城砖。

图 195　沈家窑所在地出土的古代城砖。

图 196　窑工疲惫地钻出窑外，因为出窑不能间断，窑工只能在换班时休息几分钟。

图 197　也有客户做好了砖坯，运到沈家窑进行烧制。

图 198　窑场劳作场景。

图 199　窑场上忙碌的窑工们。

图200　沈家窑日常工作场景。

图201　近年来，全国各地对古建筑整修和保护如浪潮般掀起，同时大量仿古建筑陆续被建造。这种纯手工古法烧制的京砖、瓦当等成了紧俏货。

图 202　沈家窑纯手工古法烧制的京砖，通过码头上的挑夫，沿京杭大运河运输到全国各地。

图 203　沈家窑纯手工古法烧制的小青砖，受到了全国古建修复工程的青睐。

图 204　沈家窑手工生产的京砖，源源不断地通过大运河销往全国各地。

图 205　窑工的后代们应该不会再从事窑业这个行当了。那么，沈家窑是否只能成为一座博物馆，京砖的生产是否只能成为绝唱呢？

图 206　窑工的后代们上学路过沈家窑。

图 207　生活在窑厂里窑工的后代

图 208　暑假期间，窑工的后代在窑场上玩自己做的呼啦圈。

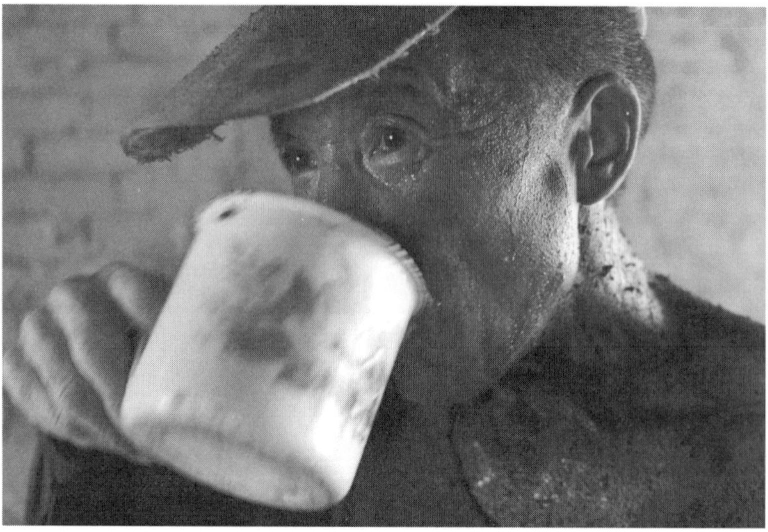

图 209　夏日的午后，窑工许望元从窑内钻出来喝凉水降温。

图 210　冬日里钻出古窑，呼吸一口新鲜的空气是何等的惬意。

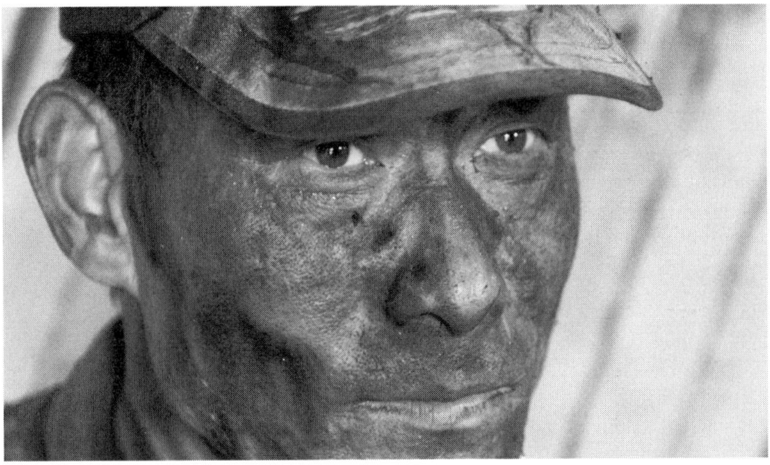

图 211　装卸窑中工许建新，1962 年 2 月出生，干窑镇黎明村人，年轻时一直做窑工至今。

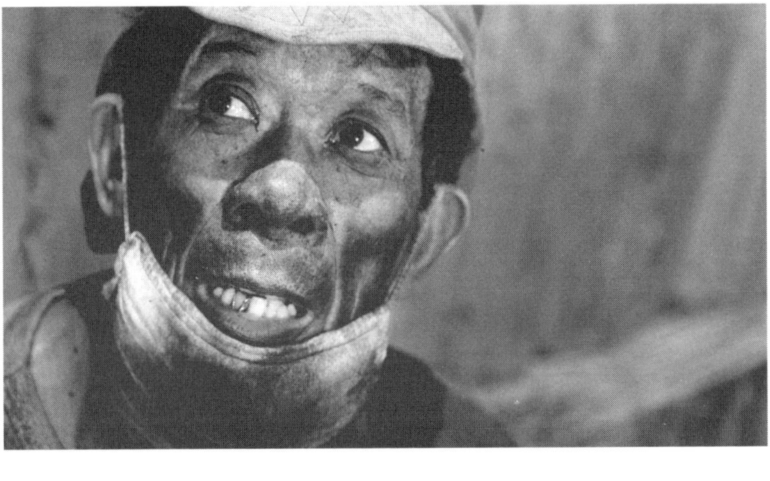

图 212　装卸窑中工顾根法，1943 年出生，干窑镇黎明村人，2011 年底离岗。

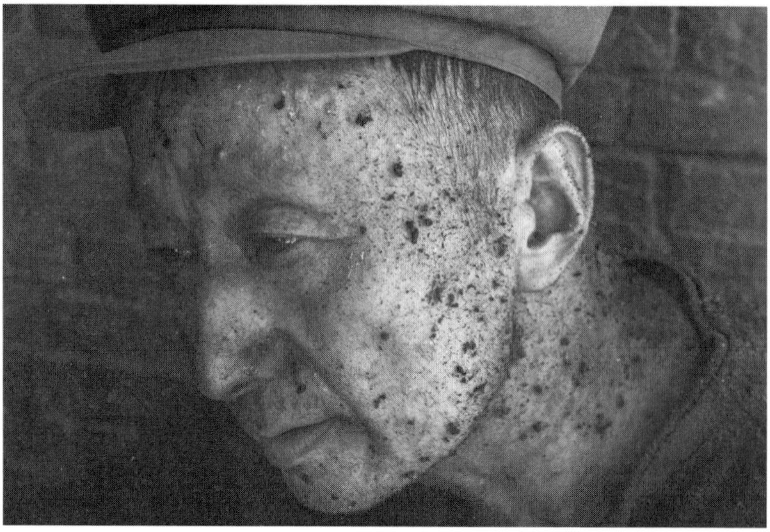

图213　装卸窑师傅鲍春良，1952年出生，2011年12月23日去世。

图214　装卸窑中工陆春梅，1963年出生，黎明村人，15岁开始工作至今。

图215　装卸窑中工黄炳华，1952年5月出生，干窑镇黎明村人，年轻时一直做窑工至今。

图216　2010年，63岁的王金根在沈家窑已经做了40多年了，至今依然在窑上做烧窑大师傅。

图217　装卸窑中工张志根，1954年出生，干窑镇黎明村人，1912年离岗。

图218　装卸窑中工许建新，1962年2月出生，干窑镇黎明村人，年轻时一直做窑工至今。

图219　装卸窑师傅怀金龙，1954年6月出生，干窑镇黎明村人，16岁就开始做窑工至今。

图220　装卸窑中工李金根，1955年7月出生，干窑镇范泾村人，2015年因家庭原因且身体受伤而离岗。

图221　装卸窑中工许建新，1962年2月出生，干窑镇黎明村人，2020年离岗。

图222　窑工对古窑有一种难舍的感情，一位窑工望着窑墩说："不知道还能干几年！"

图223　装卸窑师傅许望元，1952年5月出生，干窑镇黎明村人，18岁开始做窑工至今。

图224　装卸窑中工张志根，1954年出生，干窑镇黎明村人，1912年离岗。

图 225　2010 年，67 岁罗海明在沈家窑已经做了 40 多年了。

图 226　装卸窑中工洪根，加善天凝镇人，1949 年出生，16 岁在窑厂工作至今。

图227　装卸窑中工李金根，1955年7月出生，干窑镇范泾村人，2015年因家庭原因且身体受伤而离岗。

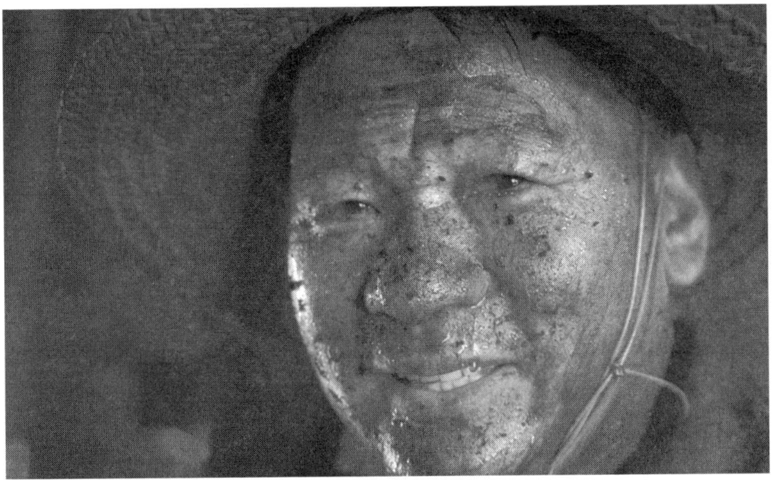

图228　装卸窑中工黄炳华，1952年5月出生，干窑镇黎明村人，年轻时一直做窑工至今。

图229　装卸窑中工顾水林，1950年5月出生，干窑镇范泾村人。

图230　装卸窑师傅许望元，1952年5月出生，干窑镇黎明村人，18岁开始做窑工至今。

图231　沈家窑小工陈玉观，1953年7月出生，干窑镇长胜村人，常年在沈家窑做小工至今。

图232　20世纪50年代，干窑镇有数十支窑工队伍，如今只剩下一支，而且窑工年龄大都在六七十岁，他们自嘲是中国“最后一支土窑队伍”。

图书在版编目(CIP)数据

镜头里的干窑 / 袁培德著. -- 北京 : 社会科学文献出版社, 2023.3

（窑火凝珍 / 刘耿, 董晓晔主编 ; 1）

ISBN 978-7-5228-1481-0

Ⅰ. ①镜…　Ⅱ. ①袁…　Ⅲ. ①砖-工业炉窑-文化-中国-摄影集②瓦-工业炉窑-文化-中国-摄影集

Ⅳ. ①TU522-64

中国国家版本馆CIP数据核字（2023）第033003号

窑火凝珍

镜头里的干窑

主　　编 / 刘　耿　董晓晔

著　　者 / 袁培德

出 版 人 / 王利民

组稿编辑 / 邓泳红

责任编辑 / 王京美　吴　敏

出　　版 / 社会科学文献出版社

地址：北京市北三环中路甲29号院华龙大厦　邮编：100029

网址：www.ssap.com.cn

发　　行 / 社会科学文献出版社（010）59367028

印　　装 / 三河市东方印刷有限公司

规　　格 / 开　本：787mm×1092mm　1/16

印　张：9.75　字　数：57千字

版　　次 / 2023年3月第1版　2023年3月第1次印刷

书　　号 / ISBN 978-7-5228-1481-0

定　　价 / 268.00元（全七册）

读者服务电话：4008918866